小实验 大道理

科学实验背后的哲理

派糖童书　编绘

化学工业出版社

·北京·

糖糖

熊熊

目录 contents

棉线引水
透过现象看本质

准备棉线、颜料、两个塑料杯、胶带和剪刀。

取一段棉线搓成双股，浸湿并用胶带将一端粘在空杯子里。

这次实验步骤很多呀。

往有水的杯子里滴入颜料，再把线的另一端放进去。

有趣儿的事情要发生了，好期待。

举起有水的杯子，把线拉直，顺着棉线慢慢往下倒水。

哇，水顺着棉线流到下面的杯子里了。

科学原理

在这个实验中，我们可以看到红色的水沿着长长的棉线，缓缓地流入下方的塑料杯中，只要保持慢速，水就不会洒出来。这是为什么呢？

这是因为一开始我们把棉线浸湿了，棉线上有水，当我们倒水的时候，由于水分子之间相互吸引，棉线上的水会吸住水流，确保了水沿着棉线流下，起到引流的作用。

悟出小道理

实验视频

如果没有水分子的帮助，红色的水还能流到杯子里吗？在这个实验中，表面上看是棉线在引导水流，而实际上，微小的水分子也是引流的关键。

这个实验提醒我们，生活中除了仔细观察以外，还应该多思考、多钻研，透过现象看到本质。当你具备了这样的能力后，未来一定也能成为了不起的大科学家。

颜料雨
适者生存

 准备水、油、蓝色颜料和两个玻璃杯。

先倒入半杯油，再滴入蓝色颜料，然后充分搅拌。

哇，真有趣，颜料在油里面变成了小圆珠。

将颜料油倒入另一杯水中，然后观察有趣的变化。

混有蓝色颜料的油层漂浮在水上面，好像一片蓝色云团。

慢慢等待，看看杯子里会发生什么样的神奇现象。

呀，蓝色云团下起了颜料雨，真梦幻。

4

科学原理

同学们，蓝色的雨是不是很梦幻呢？蓝色的颜料不溶于油，它的密度比油大，因此把颜料倒入油中，颜料不会溶解并且会沉到油的下方。油的密度比水小，也不溶于水，因而会浮在水的上方。但是颜料溶于水，所以颜料从油的下方一点一点溶解到水中，就出现了像下雨一般的蓝色梦幻场景。

悟出小道理

实验视频

蓝色颜料在油中是圆珠的形状，在水中却变成了丝状。这种变化不仅令人耳目一新，而且可以带给我们这样的启迪：我们是不是也可以通过改变自己，来适应环境的变化？

其实地球从距今数十亿年前发展到今天，生物都在经历着适应环境的过程。正所谓"适者生存"，如果不能适应环境，就很容易被环境淘汰。当我们进入一个新的环境中，应该尽快调整自己，找准自己的位置。

快乐秋千
目濡耳染，不学以能

实验剧场

准备两个砝码、绳子和一个架子。

将两个砝码用同样长度的绳子悬在绳架上，如图所示。

哈，我们搭了一个秋千架。

抬起一个砝码，再松手，让它荡起秋千，然后和熊熊一起慢慢等。

啊，一直盯着看，都有些困了。

熊熊，打起精神来，看看发生了什么现象。

哇，第二个砝码竟然被带动，也荡起了秋千。

6

科学原理

在这个实验中，我们会看到，刚开始，第一个砝码摆动，产生的振动传递给了铁架台之间所拉的绳子，再通过绳子传递给第二个砝码，使得它小幅摆动起来。但渐渐地，共振产生，第二个砝码的摆动幅度增大，最终两个砝码以同样的幅度摆动了起来。

悟出小道理

实验视频

第二个砝码在第一个砝码的带动下，最终以几乎相同的频率摆动起来。这个实验有个小小的启发，如果我们在学习的过程中，能够经常和身边优秀的人交流，久而久之也可能发挥出"共振效应"，让我们自己也变得优秀起来。

当然，反过来说，如果总是和缺乏上进心的朋友在一起，我们自己也难免会受到影响，变得懒惰、贪玩和不思进取了。

蜂蜜刹车

沉下心来学习，静下心来思考

准备铁球、球形塑料盒、蜂蜜和硬木板。

将铁球放进球形的塑料盒，放在木板上，它就会滚下来。

蜂蜜是用来做什么的？

既然熊熊的注意力都在蜂蜜上，那么，我们就往塑料盒里面灌入少量蜂蜜。

哈哈，现在铁球一定很甜蜜。

现在让我们来看一看，铁球会发生什么现象？

哇，铁球竟然滚不动了，难道蜂蜜是刹车？

科学原理

　　一开始，铁球被装在球形塑料盒里，虽然组成了一个新的"球"，但是当"球"从坡道上往下滚动时，由于"球"的质量主要集中在铁球上，因此重心会随铁球的滚动而移动。然而，当我们在球形塑料盒内加了蜂蜜后，铁球在滚动时会受到蜂蜜的阻碍，此时的重心才真正转移到铁球和塑料盒组成的新"球"上，新"球"质量增加，重心降低，就像被人从后面拽住。这样，"球"自然就变得"步履蹒跚"了。

悟出小道理

实验视频

　　重心高了，两个球都不稳定，快速地滚了下来；重心降低了，两个球都变得相对稳定了很多。

　　如果我们在日常的学习和生活中，总是不能把心安静下来，甚至经常浮躁的话，那么必然会影响我们的学习和进步。

　　反之，试着把心沉下来，能让我们的注意力变得更集中，思考变得更深入，粗心犯错的情况也会更少一些。

街舞易拉罐
多一点灵活，
少一点固执

准备一个空易拉罐。

现在我们有了个易拉罐，再接一杯水就行了。

爷爷，你从哪里捡的易拉罐？

爷爷，那是别人喝过的吧？

我已经消过毒了。现在，往易拉罐中加三分之一的水。

接下来我们把它倾斜过来，看！

哇，我跳街舞的时候，有个动作就像这样。

科学原理

　　这是一个关于"重心"的实验。易拉罐正常放置在桌面上，它的重心在易拉罐的中间位置，易拉罐同时受到重力和桌面的支持力，重力和支持力平衡，所以易拉罐不会歪倒；如果我们把它斜放，重心偏离原来位置，重力和支持力不能平衡，易拉罐就会倒向桌面；当我们往易拉罐中加了水，水能调节易拉罐的重心位置，使易拉罐受到的重力和支持力处于一条直线上，重力和支持力保持平衡，就不会倒了。

悟出小道理

实验视频

　　水之所以能够帮助易拉罐迅速找到平衡，是因为水是一种可以随意改变形状的物质，它很灵活。生活中很多时候，我们也可以多学学水的品质，多一点灵活，少一点固执，这样不仅能提高我们自己的适应能力，也更容易赢得别人欢迎。

弹簧毛毛虫
学好不容易，学坏一出溜

准备书和弹簧。

这个实验会用到许多书，我们把书摞起来形成阶梯。

哇，终于完成了，书好重。

现在把弹簧放在书的最上层，然后拉开弹簧让它朝下坠。

还好把书摞在地上，不然就要站在凳子上看了。

现在让熊熊来看一看，这弹簧像什么。

哇，有点儿像飞奔的毛毛虫。

12

科学原理

在这个弹簧下楼梯的实验中，弹簧一开始没有形变，可以稳稳地立在书做成的台阶的最上方。拉动弹簧，弹簧形变，并且有一部分在空中，就会有重力势能、弹性势能与动能三者之间的转化在弹簧内部传递，加上弹簧的惯性，共同导致弹簧的运动形式是"下楼梯"。

实验视频

悟出小道理

弹簧很有韧性，也富有弹性，但在重力和惯性的作用下，却表现出一副"落荒而逃"的样子。这个实验带给我们一个提示：我们从下往上攀登并不容易，但要是从上往下滑落，是非常容易实现的。

所以当你取得一定的成绩后，千万不要沾沾自喜，越是自满的人，越容易从高处摔下来。同时，我们还要尽量和那些品质不好的人保持距离，正所谓"学好不容易，学坏一出溜"。经常和品质不好的人在一起，我们也很容易沾染上一些不良的习气。

长吸管的优势
一寸长，一寸强

准备盆、颜料、两个大饮料瓶和四根吸管。

在两个瓶盖上各打两个洞，每个瓶盖各插入一根长度相等的短吸管。在剩下的一个洞里各插入一根长度不等的长吸管。

我把两根长吸管接好了。

往两个饮料瓶灌满颜料水，盖好盖子，一会儿比一比哪个瓶子流水快。

我一会儿悄悄地挤瓶子，嘻嘻嘻。

准备好，同时拿起瓶子，向盆里放水。熊熊不可以挤瓶子要赖皮哟。

好吧，我不挤。不过吸管短的那个瓶子赢定了。

科学原理

水流的速度与吸管的长度是有关系的，吸管越长，受到的水压越大，水流的速度越快。在实验中，我们看到吸管长的瓶子中，水在同样的时间里流得比较多。

实验视频

悟出小道理

正所谓"一寸长，一寸强"，长吸管赢在了能够形成更长的水柱上。其实我们每个人也都有自己的长处和短处，有的人会拿自己的短处去和别人的长处比，而有的人更善于发挥自己的长处。

那么，你的长处是什么呢？是思维活跃，还是动手能力强？无论你的长处是什么，你都要重视它、发挥它，这就是你和别人的"比较优势"，更是上天送给你的礼物。

纸巾染色剂
近朱者赤，近墨者黑

实验剧场

 准备三个塑料杯、纸巾和红、蓝两种颜料。

三个塑料杯，两侧杯中的水加颜料，再将两张纸巾的一端放入有颜料的杯中，两张纸巾的另一端都放入中间的空杯中，如图所示。

爷爷，你是在给纸巾海鸥染色吗？

是啊，送给海鸥一对彩色的翅膀。这个实验需要一些耐心，我们慢慢等吧。

爷爷你看，颜色被纸巾吸过来了。

爷爷醒一醒，实验完成了，水被吸到中间的杯子里了。

哟！一不小心睡着了。熊熊已经变得很有耐心了。

科学原理

在这个实验中，我们可以看到，两张纸巾的一端分别放入两侧有颜色的水中，另一端放入空杯子。水顺着纸巾的一端向上蔓延，逐渐高于液面，上升到最高处后，顺着纸巾往下走，流入中间的空杯中。我们就把这种现象叫作毛细现象。

悟出小道理

实验视频

纸巾放入杯中后，随着时间的推移，将带有颜色的水一点点吸出。其实这个实验和我们常说的"近朱者赤，近墨者黑"有一些相似之处。

如果我们经常可以和优秀的人在一起，那么我们也会逐渐受到影响，学习优秀的人的品格，让自己变得优秀；但如果常和品格差的人在一起，日积月累，我们也难免会受到影响，沾染上一些不好的习惯。

火锅易拉罐
内外一致，表里如一

 准备水盆、酒精灯、石棉网、三脚架、隔热手套和易拉罐。

东西都预备好了，往盆里倒入三分之一冷水。

咦，跳街舞的易拉罐也来参加实验了。

易拉罐里装少量水，放在石棉网上用酒精灯加热5~10分钟。

可怜的易拉罐。

加热完毕，戴好隔热手套，把易拉罐倒扣在水盆里。

街舞易拉罐"瘦"下去了，哈哈！

科学原理

　　易拉罐渐渐瘪了,爱思考的你是不是觉得很奇怪?

　　我们来看一下这个实验。首先,易拉罐里面加少量的水,然后把易拉罐放在酒精灯上面加热,液态水加热汽化,产生的水蒸气把易拉罐中原有的空气赶跑,这个时候将易拉罐迅速倒扣在冷水中,由于易拉罐和水面之间密封,里面的水蒸气遇冷迅速凝结,气压降低,外面的大气压迅速将易拉罐压扁。

悟出小道理

实验视频

　　看似"坚强"的易拉罐,在没有外力的情况下竟然自己变瘪了,原来是易拉罐内外气压不一致"捣的鬼"。其实我们在做人和做事上,也需要注意,要保持"内外一致",也就是常说的表里如一。

　　所谓表里如一,指的是人的思想和言行应该保持一致,不夸大其词、不说谎。这样的人能带给别人很强的信任感,更容易得到别人的尊重。

气球的紧箍咒
学好科学，造福人类

准备气球、玻璃杯、纸和打火机。

先把气球吹起来，然后扎口，再检查是否漏气。

用打气筒既方便又卫生。

点燃纸条放入杯子里，等火焰熄灭后，再把气球堵在杯口。

这一幕好像在哪里见过。

气球被吸进去一小块，拿起气球，杯子也被提起来了。

我想起来了，是早餐鸡蛋！

科学原理

小小的气球怎么能提起几倍重的杯子呢？

这是因为大气压的威力。纸在杯子里燃烧产生大量的热烟气，杯子里的空气被赶跑。当纸停止燃烧，把气球盖在杯子上时，里面的热烟气温度降低，杯内的大气压降低，而杯子外面大气压大。大气将气球向杯子内挤压，气球紧紧地吸住玻璃杯，因而提气球时，杯子也被提了起来。这类似于拔火罐。

悟出小道理

实验视频

气球没有手，却能把杯子"拎起来"，其实就是巧妙地利用了气压的变化。在人类发展的历史上，有很多充分利用自然资源造福自己的例子，比如利用风和水的流动发电，利用太阳能加热生活用水等。

地球上的资源如果能够被充分利用起来，还可以为人类创造更多的福利。而我们需要做的，就是从小学好科学知识，长大后通过观察和思考，结合自己已经掌握的知识进行发明创造，把地球上的资源充分利用起来，造福全人类。

蜡烛跷跷板
关爱是相互的

准备蜡烛、钉子、隔热手套和两个玻璃杯。

先戴好隔热手套，并用火焰将铁钉加热，然后熔穿蜡烛。

烧铁钉有什么用呢？

经过几次加热，将铁钉从蜡烛中间穿过去，再把铁钉架在两个杯子之间。

哦，加热铁钉可在蜡烛上熔化出一个洞。

将蜡烛的两端都点燃，看看会有什么现象发生。

小蜡烛像跷跷板一样，不过越烧越短了。

科学原理

在这个实验中，有时候蜡烛的这一端燃烧得快，变轻了，就高高翘起，另一端下降；有时候则相反。这两端呀，你升我降，你降我升，也就形成了玩跷跷板的有趣样子。

注意：你在做这个实验的时候，一定戴好隔热手套，不要烫到手哦！

实验视频

悟出小道理

如果蜡烛只有一端燃烧，还能像跷跷板一样摆动吗？其实我们在和别人交往的过程中，也可以从跷跷板那里得到启发：没有一个人会长期单方面的付出，也没有一个人能够一直得到别人的给予。

稳定和友好的人际关系是需要相互关心和理解的，就像坐在跷跷板的两端，你关心别人，别人也关心你，这样才会建立更稳定和友好的关系。即使是面对一直关心我们的父母，我们也应该定期去关心他们，这样的家庭关系才最为亲密融洽。

各自的空间
主动沟通，以诚待人

实验剧场

准备两只红酒杯、一瓶红酒和能盖住杯口的卡片。

先往红酒杯中倒满一杯红酒。

爷爷，妈妈说不让你喝酒。

乖宝儿，爷爷不喝。再帮爷爷倒一满杯水吧。

哦，我知道了，用卡片盖住装水的酒杯再倒放在红酒杯上。

熊熊真聪明。现在，缓缓抽动卡片，让水流到下面的红酒里。

哇，红酒和水互换了位置，它们都有各自喜欢的空间。

科学原理

在实验中我们可以看到，下面的红酒慢慢地跑到了上面的酒杯里，而上面的水则跑到了下面的酒杯里。这是由于红酒比水轻（红酒密度比水小），水会沉到红酒的下方。

悟出小道理

实验视频

移动一下卡片，水和酒便有了更深入的"交流"。不知道你有没有这种经历，遇到不熟悉的人，就好像生活在不同空间里，但偶然有一次找到了话题，两个人便可以开始滔滔不绝地交流，然后发现原来对方也是那么有趣。

有时候挡住我们和别人交往的，就是那张"卡片"。如果你是个内向的人，不妨试着勇敢一点，主动和别人沟通，不要总封闭在自己的空间里。

避水火星沙
出淤泥而不染

实验剧场

准备一袋火星沙、勺子、玻璃杯和一张纸。

哈哈，购买的火星沙终于送来啦！

爷爷，我来拆邮件。

把火星沙一勺一勺放进水里，然后观察它的形态。

咦，水里的火星沙为什么是一坨一坨的？

现在，展现火星沙特殊能力的时刻到了。熊熊，用勺子把火星沙捞出来吧。

火星沙竟然是干燥的！太神奇了。

科学原理

当我们把火星沙从水中捞出来倒在纸上（避免勺子上的水落到纸上），神奇的事情发生了——纸上竟然没有水！这是因为火星沙是一种不溶于水的物质，与水接触时，不会被水润湿。

实验视频

悟出小道理

我们之前说过，人要学会适应环境，但反过来说，环境也可能会影响到一个人。但火星沙真是令人感到意外，它在水中竟不受水的影响，是不是能给你一种"出淤泥而不染"的感觉呢？

这一点是值得我们学习的。如果你也能像火星沙一样，在任何环境下都能保持自我，不受别人的影响而沾染坏的习惯，能够专心致志做正确的事，那么在不远的未来，你一定会成为一个独立的、优秀的人。

烧不破的气球
持续努力，终有突破

准备两个气球、颜料水、酒精灯和护目镜。

一定要做好安全防护。准备烧气球啦。

我戴好护目镜了。哇，气球爆掉了。

拿个新气球，把颜料水灌进去之后，再给气球充气。

往气球里灌水会有什么作用呢？

把有水的气球放在酒精灯上面烧，看看有什么结果。

哇，气球没爆炸，科学好奇妙。

科学原理

只要气球里还有水，气球就不会被烧破。因为在整个过程中，火的热量通过气球传给了水。水沸腾时的温度在标准大气压下是 100 摄氏度，一旦达到这个温度，水会持续沸腾，保持 100 摄氏度的温度。这样只要有水，气球的温度就不会太高（不超过 100 摄氏度）。温度达不到气球的燃点，所以气球就不会被烧破了。

悟出小道理

实验视频

标准大气压下，水只有加热到 100 摄氏度才会沸腾。这个科学原理蕴含着这样一个道理，当我们要学习某一门学科或是技能的时候，只有持续不断地练习，并且练习达到一定程度才能有本质上的突破，就像液态的水变成水蒸气一样。

这就提醒我们在日常的学习和练习过程中，不要急功近利，应该把心沉下来，像酒精灯一样持续不断地给自己"加热"，直到最终突破自己。

焦急的纸锅
没有永远的"敌人"

 准备一张纸、蜡烛和打火机。

纸会被火焰点燃，那么有什么办法让它不怕火焰呢？

爷爷把纸叠成了纸锅，又往里面倒了点儿水。

现在，我们把纸锅放在蜡烛上面烧，你能想到什么？

我知道了，这与上一个实验是同样的道理。

那么，继续让纸锅烧得久一点儿会发生什么状况呢？

哇，纸锅底下已经变黑了。

正常情况下，用火烧纸，纸肯定会燃烧，因为温度会升到纸的燃点。**科学原理** 为什么纸锅烧水，纸却没有烧着呢？这是因为水和纸是一起烧的，纸的热量会传给水，使得纸的温度不会超过100摄氏度，而纸的燃点比100摄氏度高，所以纸不会被烧着。

 悟出小道理

实验视频

对于"怕湿"的纸来说，水通常是"敌人"的角色。但在这个实验中，如果没有水来"帮忙"吸热，纸锅恐怕早就烧成了灰。这个小实验也给我们这样一个提示：我们认为的所谓"敌人"，在某些情况下，也可能会变成我们的"朋友"。

比如你曾认为不友好的同学，或许会在某一天、某一件事上成为那个帮助你的人。再比如那些让你感到头疼的数学题，从另一个角度来说，不也正是帮助你提高思维能力的朋友吗？

我们在看这个世界的时候，尽可能用发展变化的眼光来看待人和事物，做到这一点，才能避免自己走向偏执。

超能锡纸
点燃纸的不一定是火

准备一片锡纸、剪刀和一节5号电池。

锡纸可以从烟盒或者口香糖包装纸里取得。

爷爷把锡纸剪成中间窄两边宽的样子。

现在，把有锡箔的这一面，两端分别连接电池的正、负极。

锡纸条会像手电筒一样发光吗？

锡纸虽然不会像手电筒一样发光，但会被点燃。

呀，锡纸被点着了，我获得了一项野外生存技能！

科学原理

这个实验涉及了电能向热能的转化。用锡纸连接电池两端造成了电路的短路，短路会在瞬间产生非常大的电流。电流经过锡纸，电能转化为热能，锡纸中最窄的地方是电阻最大的地方，电路中，在电流相等的情况下，电阻越大产生的热量越大，所以锡纸从中间开始燃烧。

悟出小道理

实验视频

点燃纸的不一定是火，还可能只是一节小小的电池，是不是很令你感到意外？其实这个实验也很有启发性，比如在一些时候，我们想做一些事情或解决一些问题，但是手边并没有现成的工具，或是没有最直接的解决问题的方法，该怎么办呢？我们就只能放弃吗？

其实这个时候，我们可以开动脑筋，看看有没有替代的方法能帮助我们解决问题。就像这个实验演示的那样，点燃锡纸的不一定是火，还可能是一节电池。

流泪的冰块

找到最适合自己的位置

准备冰块、食用油、酒精、颜料和玻璃杯。

先往玻璃杯中滴入颜料，再倒入半杯油和少量酒精。

哇，酒精的味道已经飘出来了。

现在，把一个冰块放入玻璃杯中，然后慢慢观察。

咦，冰块穿过酒精，悬浮在油层里。

快看，冰块的"眼泪"流到了杯底，你知道这是为什么吗？

冰块的"眼泪"是水，密度比油大，所以会沉底。

科学原理

这其实是一个关于密度和互溶性的实验。一开始在杯子里加了油和酒精，我们看到酒精在油的上面，这说明酒精的密度比油的密度小。放入冰块，一开始冰块悬浮在油层中，这说明冰块的密度与油的密度差不多。但是在这个过程中冰块开始融化，融化的液体，顺着冰块表面穿过油层到达杯子的底部，这说明冰化成水后，水的密度比油的密度大。由于水油不互溶，所以我们看到冰块的融化就像流泪一样。

悟出小道理

实验视频

水和油本身并不相溶，但水变成冰块后，密度接近于油，所以刚好悬浮在油层中。生活中，我们也可以借鉴一下冰块的"处世哲学"，调整自己的状态，找到最适合自己的位置。

首先，不要高估自己，如果把自己看得太高，就很容易骄傲自满，失去前进的动力；其次，我们也不要看低自己，每个人都是独一无二的，但如果你总是盯着自己的缺点或不足之处，难免会失去自信，降低对自己的要求。

冰盐奇缘

找一找人际关系的"催化剂"

 准备一袋食用盐，两块冰块，一段细绳。

我们先在其中一块冰块上撒一点食用盐。

 嗯，爷爷撒盐的动作很酷。

把细绳放在撒盐的冰块上，然后将另一块冰块压在上面。

 撒盐的冰块有一点点融化，爷爷说还要等一会儿。

现在时间应该差不多了，我们快把绳子提起来看一看吧。

 咦？可以穿个冰糖葫芦吧！不对，是冰盐葫芦。

盐撒到冰块表面，会使得接触到盐的这部分冰的凝固点降低，融化成水。随着冰融化出的水越来越多，盐的含量没有变，盐水的浓度降低了，这时候这部分的凝固点就会升高，使得这部分淡盐水重新凝固结冰，把绳子冻住了。

科学原理

悟出小道理

实验视频

正是因为有了盐的参与，改变了凝固点，两块冰被紧密地结合在了一起。其实有时候，人际关系也需要盐这样的"催化剂"。比如我们在和不熟悉的人交往的过程中，如果能找到共同感兴趣的话题，比如某一方面的兴趣、爱好或知识，就等于找到了人际关系的"纽带"，能让我们在最短时间内和对方快速建立良好的关系。

隔空引燃
珍惜地球资源

 准备一只透明塑料杯，像杯口一样粗的蜡烛，还有打火机。

实验可以开始啦，我们先把这根大蜡烛点燃吧。

嗯，这个实验也与火有关。

熊熊，你知道为什么用塑料杯扣住蜡烛，火苗就会熄灭吗？

因为里面的氧气被用光了。

好，在蜡烛熄灭时，拿开杯子，用打火机去点冒出的白烟。

蜡烛被凌空点燃了，难道是火精灵的魔法吗？

科学原理

　　蜡烛的主要成分是沸点较低的石蜡。蜡烛燃烧时温度较高，石蜡蒸发为蒸气（气态的石蜡），蜡烛熄灭后，温度降低，石蜡冷凝，形成白烟，但除此之外，仍有部分看不到的没有凝结的石蜡蒸气存在。用打火机点燃白烟，也点燃了仍处于高温的石蜡蒸气，火顺着它将蜡烛点燃了。

悟出小道理

实验视频

　　石蜡在燃烧受热时会产生白烟，而白烟中含有一定量的石蜡蒸气，能够被点燃并引燃蜡烛。这里我们可以试想一下，在石蜡的燃烧过程中，如果我们能将受热产生的石蜡蒸气再一次收集利用，是不是可以起到充分利用资源的作用呢？

　　我们都知道地球资源是丰富的，也是有限的，并非用之不竭，所以我们在有意识地节省资源的同时，也不妨多去想想如何更充分地利用资源，这对于全人类和我们生活的地球都非常有意义。

倒流香
探究反常事物的真相

 准备吸管、叉子、纸、打火机和玻璃杯。

用吸管把纸卷成空心管，抽出吸管，纸管倾斜用叉子夹住，担在杯沿上。

纸管不能卷得太厚。

现在，用打火机将纸管的顶端点燃。

哈哈，应该告诉叉子，吸烟有害健康。

等一会儿，看看会有什么事情发生。

咦，白烟从下面出来了，这就是倒流香吧。

科学原理

你知道的，烟其实是固体小颗粒，它的密度比空气大，本来应该下沉的，但因为燃烧时，火焰周围的空气被加热，密度变小，形成了上升的热气流，就带着烟往上飘飞了。在这个实验中，烟没能往上走，是因为小小的纸管空间狭小，热空气少，不能形成上升气流，烟就往下走了。

在生活中，一般情况下，我们会看到烟缓缓上升，那是因为燃烧产生的热空气密度小，向上流动，带动烟的颗粒也跟着上升。但在我们的这个实验环境下，温度比较低，燃烧不完全产生的烟雾受冷，密度大于空气，就顺着纸管向下流动了。

悟出小道理

实验视频

在实验开始前，根据经验，你是不是也会认为烟雾一定往上走呢？但实验的结果却恰恰相反。当然，通过上面的介绍，你肯定也了解到烟雾倒流的原理了。在生活中，我们一定还会碰到一些情况，出乎我们的意料，甚至和我们的经验相违背。

这时候我们不妨多去想一想，为什么会这样？获取那些反常的事情背后，隐藏着有趣的、有用的科学原理。看看你是不是一个善于观察和思考的人？

水中燃烧

学会保护自己

准备一支蜡烛和一只杯子。

将蜡烛点燃用蜡油固定在杯子里，再慢慢地往杯子里倒水，如果我们将水没过蜡烛，火会熄灭吗？

会灭！

看，现在水已经没过蜡烛了，火熄灭了吗？

没灭！

这是为什么呢？我们来观察一下。

熔化的蜡烛遇到了水，在周围形成了一圈"防水墙"，保护了中间的火焰。

实验视频

科学原理

　　我们看到了这样一幅神奇的场景：火在水面上燃烧。怎么会水火相容了呢？原来，蜡烛在燃烧过程中会融化蜡，遇水后又迅速降温变成固态蜡，凝固在火焰四周，形成一个蜡筒，阻止外面的水进入。当火焰低于水面后，水把接近蜡筒的蜡迅速降温，凝固成固态蜡，加固了蜡筒，保护着火苗一直燃烧。

悟出小道理

　　的确，点燃的蜡烛并不是不怕水，而是用自己燃烧形成的蜡筒保护着自己的火苗，避免被水浇灭。其实我们也可以学习一下蜡烛的"自我保护"精神，因为随着年龄增长，未来走进社会，你会发现社会远比我们想象得要复杂。

　　我们不可能永远被家人、老师所保护，你需要学会聪明地保护自己，这样才能在未来走得更远。

吵架的冷热水
宽容别人的不同

准备两色颜料，两只红酒杯，冷水、热水，隔热手套和纸牌。

一个杯子里倒满冷水，一个倒热水，小心别烫手。然后滴入不同颜色的颜料。

看起来像果汁，但是不能喝。

戴上隔热手套之后，用纸牌盖住热水杯，倒立在冷水杯上。

诶？好像和红酒与水的实验有点儿像。

把卡片轻轻移开，再看看会发生什么现象。

两种颜色的水没有交换位置，这是为什么呢？

科学原理

当热水在上冷水在下时，两种颜色的水并没有融合在一起，这是因为水的温度越高，体积膨胀越厉害，密度就会减小，所以密度小的热水放在冷水上面的时候，它跟冷水混合得非常慢。但当把冷水放在上面的时候，它们就会融合得很快了。不信，你就把冷水放在热水上面再来做一次实验吧。

悟出小道理

实验视频

虽然同样是水，但由于热水和冷水的密度不同，才会出现分层现象。透过这个实验，联想到实际生活中，你会发现，并不是我们身边的每个人都有相同的兴趣爱好，都有一致的观点。

如果遇到和自己有很大差异的人，也无需勉强对方和自己成为亲密无间的朋友，我们可以像冷水和热水那样，保持各自独立的空间，但要互相尊重。

溜号的水流

专注力越强，做事越高效

准备气球、矿泉水瓶、塑料盆。

在矿泉水瓶盖上戳个洞，然后接满水，盖上瓶盖。

我来吹气球吧。

把气球放在熊熊的头发上摩擦，也可以在衣服或干毛巾上摩擦。

哈哈，我的头发立起来了。

拿起矿泉水瓶，从瓶盖小洞往盆里倒水，再把气球靠近水流。

唉！水流队伍弯曲了，领队是不是溜号了？

46

科学原理

气球被摩擦后就会带上静电，而带电的物体具有吸引轻小物体的性质。当把矿泉水瓶口朝下，从瓶盖小洞中流出微小的水流后，带电的气球靠近水流，水流被气球表面的静电吸引，向气球靠近，也就变弯了。

悟出小道理

实验视频

如果换作是很粗的水柱，还会被气球表面的静电吸引走吗？试一下，你就会发现这是不可能的。如果我们把水流比喻成为一个人的专注力的话，水流越细，专注力越差，越容易被外面的诱惑所吸引，学习或做事的效率就越差。

与之相反的是，水流越粗，专注力越强，就越不容易被外界所吸引，这样的人无论是学习还是做事，都会更为高效，也更容易做出成绩来。

气球"面膜"
事物都有两面性

实验剧场

准备淀粉、食用油，气球、杯子和汤勺。

往杯子里倒入淀粉，然后用油搅拌成淀粉糊，不能倒太多油哟。

我来搅拌糊糊吧。

先把气球吹起来，摩擦的任务就交给熊熊了。

我是气球造型师，快看我的新发型。

将一勺糊糊贴着气球往下滴，看看会有什么现象。

哈哈，好像在给小气球做面膜。

科学原理

气球被干燥的头发摩擦后会带上静电，带着静电的气球可以吸引轻小物体。淀粉与油混合后变成了液体，当气球靠近淀粉时，混合液体被吸引，向气球的方向弯曲。

悟出小道理

实验视频

　　说起静电，你可能首先想到的是冬天干燥时，衣服上或皮肤上产生的令人反感的"小电流"。但是你知道吗，静电虽然有时候令人厌烦，但是聪明的人类早已经将静电发展成为一门科学技术，可以使用在多个方面，比如静电除尘、静电分选、静电喷漆和打印等等。

　　这里就给我们这样一个启示，世界上很多的事物或自然现象，可能既有对人不利或有害的一面，也可能隐藏着对人有益，或可以被人类加以利用的一面。我们在判断一件事物时，不能仅仅通过自己的感受来评判它的"好坏"，而是尽量全面地、多角度地去思考和判断。

气球"万磁王"
有定力才能抵制诱惑

 准备气球、空易拉罐和打气筒。

先把气球吹起来，建议使用打气筒，免得把气球上的粉尘弄到嘴里。

 咦？这不是面膜气球和街舞易拉罐吗。

接下来，我们进入下一个项目，摩擦气球的环节。熊熊，你来。

 这一次，我用妈妈的毛衣来摩擦气球。

摩擦完气球之后，将它靠近放倒的空易拉罐，看看有什么现象发生。

 易拉罐跟着它打滚儿了，气球还真是"万磁王"。

科学原理

气球被衣服摩擦后会带上静电，当气球靠近空易拉罐时，空易拉罐被气球上的静电吸引，而不断向前滚动。

悟出小道理

实验视频

如果换成是没有打开过的易拉罐，还能被气球吸引走吗？

试一下你就会发现，这回易拉罐"定力"变强大了许多。其实还是那个道理，无论我们学习也好，做练习也罢，定力或专注力越强，就越不容易被外界的诱惑所吸引，学习和练习的效能就会越好。如果你经常一边学习一边玩，那就最好改改吧。

自制触摸棒
积极思考，探索无限

实验剧场

准备一部智能手机、玻璃棒和纸巾。

玻璃棒如何才能操纵手机屏幕呢？我们先给它卷上纸巾。

这个实验可以用到智能手机，太棒啦！

然后将玻璃棒上的纸巾沾水弄湿润，这样就可以当触控笔来用了。

爷爷，手机密码是多少，我要试试触控笔。

哈，终于可以借着实验的机会玩手机了。

熊熊啊，放下手机别玩了，看手机太久会影响视力的，还容易驼背。

52

科学原理

原来，手机并不是只能识别人的手指。我们用手指能操作触摸屏，因为手指本身是导电的，手指与屏幕接触后会引起屏幕下方电容的变化，这样手机就知道你触摸的是哪个位置了。玻璃棒不导电，接触屏幕时不会引起下方电容的变化，手机也就没有反应；当我们把玻璃棒缠上纸巾，然后把纸巾弄湿，这样的玻璃棒就可以导电了，这时我们用它来操作手机就会引起屏幕下方电容的变化，也就可以操作手机啦！

悟出小道理

实验视频

在实验中，我们只是稍微将纸巾弄湿了，就为电流的通过创造了"通路"，实现了触控笔的简易制作。在日常生活中，我们也可以借鉴这个思路，用手上现有的材料来构建"一座桥"，来帮助自己解决遇到的问题，或制造出我们所需要的工具。

世界上有很多伟大的发明创造，其实都是通过积极的思考，利用已有的材料创造出来的。我们还可以利用已知的知识去探索未知的领域，只有这样才能不断进步。

铁钉风筝侠
勇敢剪断阻碍进步的"细线"

准备一些磁铁扣、胶带、纸箱、细线和铁钉。

先把细线绑在铁钉上，为了防止脱落，可以用胶带粘牢。

哇，这次实验好像是个大工程啊。

把纸箱侧放，磁铁分成里外两组吸在顶层，可以用胶带固定。

总是觉得小纸箱里很神秘。

哈哈，我们在纸箱里，用铁钉放风筝。

让铁钉靠近磁铁产生吸力，但不接触。拉直细线用胶带固定在箱底。

科学原理

在这个实验中，你会看到铁钉悬浮在空中。这是因为铁钉受到了上方磁铁的吸引力。尽管铁钉受到下方的细线的拉力和自身重力的作用，但当拉力和重力之和等于吸引力时，铁钉便能够悬浮在空中。

悟出小道理

实验视频

没有细线的束缚，铁钉可能早已战胜了重力，飞向磁铁。如果把磁铁看作是一个伟大的目标的话，它会吸引你飞得更高、走得更远。

但如果我们身上有太多的坏习惯，比如不珍惜时间、马马虎虎，或是我们的性格存在着自卑、懦弱、犹豫不决等缺点，就像是一根根缠在你脚上的"细线"，阻碍着你前进。如果你想实现你的目标，那就应该尽量剪断这些"细线"。

磁铁的力量

亮出你的个性，
增加好印象

准备磁铁、一些铁钉和螺母。

爷爷神秘兮兮的，手里拿着什么东西呢？

将铁钉和螺母平铺在桌面上。

手握磁铁（用磁力稍强的磁铁）缓缓靠近铁钉和螺母。不要太快，以免铁钉扎到手背。

手里究竟是什么？

试一试，能不能把桌面上的铁钉和螺母都吸起来。也可以用手指这一侧来吸。

应该是磁铁吧，一点都不神秘了。

科学原理

可以将我们这个世界上的物质分为磁性物质和非磁性物质两大类。磁性物质在磁铁靠近或接触它时，会被磁化，比如铁就是磁性物质。而非磁性物质不会被磁化，比如我们的手。磁铁的磁性能穿过非磁性物质，隔着手也能吸引铁做的铁钉和螺丝。铁钉和螺丝被磁铁磁化，所以它们之间也相互吸引。

悟出小道理

实验视频

有了磁性，就有了吸引力。你可能也听说过称赞一个人的嗓音有"磁性"，指的就是这个人说话的声音很好听，很有吸引力。当然，这样的人也更容易受到别人的欢迎，拥有更好的人际关系。

除了嗓音有"磁性"以外，大方、乐观、积极主动的个性，也会增加你的吸引力，让你更容易得到别人的喜爱。

爱心磁力圈
传递爱心靠行动

准备软铜线、5号电池、磁铁和钳子。

金属线剪断后很锋利，所以注意不要被划伤。

钳子捏不动，还是让爷爷来帮我吧。

将磁铁扣吸在电池的负极上。剪下一段铜线，做成心形，搭在电池正极上。

哈，电池穿了增高鞋。

实验用的电池尽量别比5号电池大，铜线通电久了也会发热。

哇，一颗旋转的爱心！

科学原理

根据安培定则，通电导体在磁场中会受到力的作用。在本实验中，我们将心形的铜线搭在电池的正极，其中会有微弱的电流通过，放在电池下方的磁铁会在周围形成一个磁场，磁场中磁力线的方向和导线的方向垂直，因此导线会受到一个转动的力，两侧导线中的电流方向都是向下的，而它们所受的磁场方向正好相反，故受到的力方向也是相反的，因此线圈会持续转动下去。

悟出小道理

实验视频

铜线做的"爱心"并不会平白无故地转动起来，依靠的是电池里的电量。对于这个世界和身边的亲人、朋友，以及那些需要帮助的人，你是否也想奉献自己的爱心呢？相信善良的你一定很愿意。

不过，奉献爱心并不能单纯地靠想法，更需要依靠实际的努力，通过行动来实现。而且，你会发现，只有当自己的能力变得强大起来，你才能够帮助更多的人。所以，如果你想让世界变得更美好，那就加倍努力吧。

电池列车
成功需要综合能力强

准备长长的软铜线、电池、护目镜和八块磁铁。

一定要先戴好护目镜，以免卷铜线时被弹到。

这个实验我要自己来完成。

可以用硬纸将两节 5 号电池卷起来，裹上胶带做成卷线棒，然后用卷线棒把铜线卷起来做成电池可以通行的线圈。

哇，终于卷完了，手好酸。

磁铁接在电池两端，前面四个，后面四个，就可以钻"隧道"了。

好慢啊，像个蜗牛。可能是"隧道"太长了吧。

电池两端固定了磁铁做成的"小火车"，放在一个用铜线制作的线圈内。电池两端的磁铁接触铜线圈，形成了电的回路，线圈内会有电流。电池两端的磁铁提供了磁场，通电导线在磁场中会受到力的作用，因而线圈受到力的作用。但是线圈被双手固定不能动，它给磁铁一个反作用力，因此"小火车"就向前移动了。

如果"小火车"没有动，将一侧的磁铁反过来吸住电池试试吧！

科学原理

悟出小道理

实验视频

电池组成的"电磁列车"被看不到的力推动着前进。其实在我们的生活中，也有很多看不到但很重要的"力"。比如小到一个班级，大到一个国家的"凝聚力"，凝聚力越强，集体的力量也越强，越不容易被打败。

对于每个人来说，表达力、沟通力、创造力、领导力等，也是影响自己成长和成功的关键力量。作为青少年，应该从小有意识地培养这些看不见的"力"。你的力量越强大，未来越有可能成功。

蜡烛烤鸡蛋
多角度观察，
收获客观和全面

准备蜡烛、打火机、鸡蛋、筷子、隔热手套、铁夹子和烧杯。

鸡蛋煮好之后，戴上隔热手套，开始做实验啦。

我还以为鸡蛋是煮来给我吃的。

夹住鸡蛋在火上烤黑。等鸡蛋凉了，再插上筷子沉入水中仔细观察。

鸡蛋被烤焦了，好可惜。

鸡蛋壳上有一层水晶！爷爷，我们发财啦。

呵呵，我的傻孩子，那就是一层黑炭。

科学原理

我们用蜡烛"烤"鸡蛋，将鸡蛋表面"烤"黑，这是由于蜡烛燃烧过程中有部分燃烧不充分，产生了炭黑，附着在鸡蛋壳的表面。这层炭黑不溶于水，形成均匀的附着层，对水有隔离作用。将烧杯放到明亮的地方，光的折射会使鸡蛋看起来像水晶一样美丽。

悟出小道理

实验视频

刚烤完的蛋壳黑乎乎的有些难看，但放入水中后，在光的折射下，却看起来犹如水晶一样美丽。我们之所以在视觉上会有这样截然不同的感受，是因为我们观察的角度发生了变化。

生活中也有很多相似的情况。同样一件事物，我们换个角度去看，或许就能得到不同的感受。比如我们通常觉得地球很大，但是放在整个宇宙里，地球就小得好似一粒沙。我们在观察事物时不仅要仔细，而且更应该从多个角度去观察，这样才能做到客观和全面。

音叉乐队
有知识还要会创造

准备一组音叉、敲击锤、细线和乒乓球。

购买的音叉终于收到了，可以用来做有趣的实验了。

音叉的样子有点儿像天牛的脑袋瓜。

用透明胶把细线粘在乒乓球上，然后提起来贴在音叉上。

什么都没有发生啊，也没出现磁场。

现在我们先用小锤子敲击一下音叉，然后再把乒乓球贴上去。

哇，音叉发出了尖叫声，乒乓球吓得弹开了。

科学原理

声音是物体振动产生的。当我们敲击音叉时，音叉振动发出声音。我们让悬挂的乒乓球去接近正在发出声音的音叉时，乒乓球被弹起来。

悟出小道理

实验视频

通过这个实验，我们可以知道声音是靠振动产生的，振动频率的快慢决定了声音的高低。不仅如此，声音振动时还会产生声波，这是一种看不见的机械波。聪明的人类利用声波的一些原理，在信息传递、物理定位、医疗诊断、地震监测等方面有了很多伟大的发明和创造。

就像声波一样，很多物理现象的背后都有着广泛的实际应用，如果我们从小就能多去思考，多联系生活，也许也能将所学到的知识变为造福人类的发明。

画出来的魔术
眼见不一定为实

准备一张A4纸、红色马克笔、铅笔和直尺。

先用铅笔在A4纸上画出手的轮廓，手掌尽量不要有汗。

爷爷的手大，由他来画吧。

用直尺和马克笔画横线，不要画到手的轮廓中。轮廓中的断线用弧线连起来。

我来数一数有多少横线条。

哎哟，我的腰，总算是画完了。熊熊，看看效果如何。

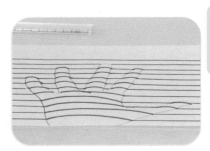

哇，真奇妙，手竟然变成立体的。

科学原理

3D 效果，就是我们把三维空间的景物描绘到二维空间上的过程，这个过程又称为透视。在平面上运用一些方法，用线条准确显示物体的空间位置，轮廓和投影，就是该物体的透视图。是不是很神奇？许多写实派的大画家都非常熟悉这些方法并且善于利用透视原理的哟！

悟出小道理

实验视频

远看像是立体的手，近看却是平面的，我们竟然被自己的眼睛"欺骗"了。都说"眼见为实"，但有时候我们眼睛看到的，不一定是真实的，还有可能会被"欺骗"。

这就提醒我们要注意，在日常生活中，我们在做观察和判断事物时，应该多选几个角度，并且保持一颗怀疑的心。这个世界是复杂的，如果仅凭眼睛去判断人和物，很有可能会得出错误的结论，让自己吃亏上当。

知识点参考列表